Johann August Ephraim Goeze

Beobachtungen über die Siebbiene

Johann August Ephraim Goeze

Beobachtungen über die Siebbiene

ISBN/EAN: 9783743361096

Hergestellt in Europa, USA, Kanada, Australien, Japan

Cover: Foto ©berggeist007 / pixelio.de

Manufactured and distributed by brebook publishing software
(www.brebook.com)

Johann August Ephraim Goeze

Beobachtungen über die Siebbiene

III.

Beobachtungen und Gedanken
über
die vermeynte Siebbiene.

Müller von Wasserwürmen, p. 145.

Es sind zwey Klippen, die der Naturbeschreiber mit gleicher Sorgfalt zu vermeiden, sich bemühen muß; das nicht genug sehen, und das nicht richtig sehen.

Bey der Beobachtung der Natur hat man sich hauptsächlich vor zwey Fehlern zu hüten; man muß einmal aus einer Begebenheit, die man vor Augen hat, keine falsche Folgen ziehen, oder man muß auch an sich richtige Folgen nicht zu weit ausdehnen. Wie oft hat dieses die größten Naturforscher betrogen? Wie viele ungegründete Hypothesen sind daraus entstanden? Und man kan sich nicht genug vor diesen Fehlern in Acht nehmen, da es so leicht ist, in dieselben zu fallen.

Man entdeckt zum Exempel an einem Insekte ein neues Organ, einen besondern Theil, den man vorher noch nicht wahrgenommen. Ohne solchen achtsam und öfters zu untersuchen, denkt man gleich auf die Absicht desselben. Es fallen uns verschiedene dergleichen Absichten ein, die das Ding wohl haben könte. Die uns am besten gefällt, die nehmen wir an, und aus diesem Augenpunkte betrachten wir nun den ganzen Bau des

B 3 Insekts.

Insekts. Wir schaffen es gleichsam von neuen um. Wir geben ihm eine andere Struktur. Wir dehnen die Folgen von der Wirkung eines solchen Werkzeuges oft so weit aus, wohin die Natur nicht nur nie gekommen ist, sondern wohin sie auch nie hat kommen wollen. Laßt uns erst an die nächsten und unmittelbaren Folgen denken, die aus einem Fakto fliessen. Laßt uns dieses erst von allen Seiten recht genau betrachten, und kennen lernen. Laßt uns keine andere Folgen annehmen, als die uns das Faktum selbst darbietet, und die wir uns anzunehmen nicht entbrechen können, wenn wir nicht gerade wider den Augenschein handeln, und der Erfahrung widersprechen wollen. Aus diesen ersten und nächsten Folgen müssen die entfernteren, wenn wir Grund haben weiter zu gehen, ungezwungen fliessen. Sonst nöthigen wir die Natur selbst, Sprünge zu thun, wovon sie doch in allen ihren Werken so weit entfernet ist.

Zu diesen Gedanken hat mir ein gewisses Insekt Anlaß gegeben, welches den Naturforschern bisher unter dem Namen der Siebbiene bekannt ist. Ich kan mich hier auf die allgemeine Erfahrung berufen, wie leicht es sey sich selbst zu betrügen; wie leicht andere auf solchen Betrug, ohne es zu wissen, fussen, und ohne Prüfung nachsagen, was ihnen als Wahrheit vorgesagt worden, und im Grunde ganz falsch und unrichtig ist. Meine Leser werden nun hierüber den Beweis von mir erwarten. Hier ist er in der gültigsten Form. Ein Beweis, der sich auf Zeugnisse, Augenschein, Fakta und Erfahrungen gründet. Vorher will ich nur einen kurzen Abriß liefern, wie ich meinen Gegenstand zu behandeln gedenke.

Ich

Ich werde zuerst beweisen, daß sich viele und grosse Naturforscher haben bewegen lassen, dieses Insekt als eine Biene mit eigentlichen Sieben anzusehen. Ich werde zweytens anzeigen, was mich veranlaßt hat, dieses sonderbare und für ein Sieb ausgegebene Werkzeug näher zu untersuchen. Der dritte Abschnitt soll eine Prüfung der Rolanderschen Beobachtungen darüber seyn. Im vierten Stück werde ich das wesentliche der schönen Beobachtungen des Hrn. von Geer in einem Auszuge vorlegen, welche meine Muthmassungen davon bestätigen. Endlich will ich in der fünften Sektion meine eigenen Beobachtungen über dies merkwürdige Insekt bekannt machen, und dabey erstlich zeigen, daß ich schon alle diese Versuche angestellt, bemerkt und niedergeschrieben; daß ich daraus eben die Folgerungen und Schlüsse hergeleitet, die der Herr von Geer auch schon gemacht, ehe ich sein kostbares Insektenwerk selbst erhalten, und darinn die Bestätigung meiner Gedanken, zu meinem größten Vergnügen gefunden habe. Hernach aber werde ich meine Versuche selbst anführen, und dem Urtheil prüfender Leser überlassen, ob ich mit einigem Grunde der Wahrscheinlichkeit sagen kan, bey dieser Untersuchung noch etwas weiter, als der Herr von Geer gegangen zu seyn.

I. Abschnitt.

Daß sich die größten Naturforscher verleiten lassen, von diesem Insekte zu glauben: es habe an seinen beiden Vorderfüssen zwey kleine Siebe, die mit unzähligen feinen löchern versehen wären, wodurch es

den

den feinſten Blumenſtaub durchſiebe, im Fliegen weiter
führe, und alſo dadurch die Fortpflanzung der Blumen
in Gegenden befördern könne, wohin ſonſt dergleichen
Blumen nie gekommen wären; ſolches kan ich leicht
aus ihren eigenen Schriften und Zeugniſſen darthun.

Ich will von den ſpätern anfangen, und hernach
die neueren anführen. Der Engelländer Rajus iſt
der erſte, der dieſes Inſekt beſchrieben, und ihm den
rechten Namen einer Ichneumonswespe gegeben *).
Denn zu dieſer Klaſſe gehört es auch, wie der Herr von
Geer erwieſen und beſtätiget hat. Rajus hat davon
folgende Beſchreibung gegeben: Vespa Ichneumon,
antennis reflexis, pedibus anterioribus velut
clypeatis **). Dieſe Schilde an den beiden Vorderfüſſen ſind nun das vorgebliche oder vermeynte Sieb,
womit der Blumenſtaub geſichtet wird.

Der zweyte iſt Daniel Rolander in Schwe-
den, der eine eigene Abhandlung von dieſem Inſekt ge-
ſchrieben, und ſich alle Mühe gegeben hat, dieſes Sieb
zu erweiſen, und auf ſolches Vorurtheil alle ſeine übrigen Schlüſſe zu bauen ***). Er nennet ſie: Apis
nigra, Abdomine faſciis ſex flavis, intermediis
tribus interruptis, Tibiis anticis Lamellis per-
foratis inſtructis. Ich werde unten dieſe Abhandlung

---

*) Sein Werk führet den Titel: Hiſtoria Inſectorum,
    Lond. 1710. 4. Man findet davon Nachricht in den
    Actis Erud. Lipſ. de 1711. Majus. p. 212.
**) p. 255. No. 14.
***) Dieſe Schrift ſtehet in den Abhandlungen der Kö-
    nigl. Schwediſchen Akademie der Wiſſenſchaften,
    aus der Naturlehre, u. ſ. w. auf das Jahr 1751. über-
    ſetzt von Abr. Gotth. Käſtner: im XIII. Bande. Hamb.
    und Leipz. 1755. pag. 59.

lung genauer prüfen. Linne', dieser grosse Insekten=
kenner, hat sich auf diese Abhandlung des Rolanders
selbst berufen. In der Streitschrift von den Wundern
der Insekten, die Gabriel Emanuel Avelia 1752. unter
seinem Vorsitz vertheidiget hat, heißt es unter andern *):
„Die Siebbiene, oder die Ichneumon genannte
„Wespe, mit zurückgebogenen Vorspitzen, und gleich=
„sam durch Schilde verwahrten Vorderfüssen, ist
„mit einer wunderbaren Natur begabt: indem sie
„das Staubmehl der Blüten über die Stigmata der
„Blumen sichtet und streuet, und blos mit der Kleie
„zufrieden ist, wie Rolander zierlich beschrieben
„hat. „
Doch Linne' hat sie selbst als eine Siebbiene
in den Klassen der Insekten aufgeführt, wiewohl er an=
fänglich ungewiß gewesen, zu welchem Geschlecht er sie
eigentlich rechnen sollen. Daher die Verschiedenheit
in seinem Natursystem. In der zehnten Ausgabe **)
hat er sie nach folgenden Charakteren beschrieben: Vespa
nigra, abdomine fasciis sex flavis: intermediis
tribus interruptis, tibiis anticis clypeis cribri-
formibus. In der zwölften Ausgabe hingegen ***)
heißt es: Cribraria, nemlich Sphex, unter welche
Klasse sie hier gebracht ist, nigra, abdomine fasciis
flavis, tibiis anticis clypeis concavis cribrifor-
mibus. Es ist hier noch Uddm. diff. 94. angeführt,

B 5	wo

---

*) Allgem. Magazin der Natur rc. Leipz. 8. 1757.
	IX. B. p. 343. sie stehet auch in Linnaei amoenit.
	academ. Vol. III. p. 313 sqq.
**) pag. 573. No. 6. wie auch in der Faun. Suec. Ed. 2.
	No. 1675.
***) pag. 945. No. 23.

wo sie ebenfalls mit den Worten: Apis tibiis anticis lamella *cribriformi*, für eine Siebbiene ausgegeben wird. Der Herr D. Schäffer hat sie in seinen Icon: Infectorum *), als eine solche vorgestellet. Der grosse Reimarus bewundert die Kunsttriebe dieses Insekts, und sagt ausdrücklich **):

„Die Siebbiene hat an dem Vorderbeine eine „durchlöcherte Scheibe, als ein Sieb gestaltet, „wodurch sie das Feinste des Blumenstaubes sichtet, „vermuthlich um dieses feinste Mehl nachmals zu „geniessen. „

Aus diesen Zeugnissen erhellet unleugbar, daß die größten Naturforscher den Theil eines Insekts für etwas gehalten haben, was es in der That nicht ist. Es soll diese Biene ein Sieb an ihren Vorderfüssen tragen; deshalb hat man sie zur Siebbiene gemacht; als Siebbiene beschrieben, abgebildet, und beynahe ein ganzes Jahrhundert, aus einem unrichtigen Grundsatze, unrichtige Folgen und Schlüsse hergeleitet. Ich denke immer, daß es mit vielen andern Dingen in der Natur noch eben so beschaffen sey. Daher prüfe man ja alles recht genau. Man lasse sich durch kein Ansehen der Person verleiten. Die Natur allein mit ihren richtig beobachteten Faktis hat Autorität. Man studiere sie selbst mit eigenen Augen.

II. Ab=

*) Tab. 177. fig. 6. 7.
**) Allgemeine Betrachtungen über die Triebe der Thiere rc. II. Ausg. Hamb. 1762. 8. p. 292.

II. Abschnitt.

Ich kan nicht leugnen, daß mir von je her diese vermeynte Siebbiene sonderbar vorgekommen. So oft ich etwas davon gelesen, wünschte ich, dies Wunder der Natur selbst zu sehen, und mich von der Struktur dieses merkwürdigen Organs zu überzeugen, womit sie das Blumenmehl sichten und gleichsam pulverisiren sollte. Linne' sagt von ihr: sie wohne in Europa. Rolander hat sie in der Mitte des Brachmonats in Westmannland auf den Wiesen, besonders auf den Umbellen gefunden. Ich aber habe sie in unsren Gegenden an den angeführten Orten nicht finden können. Dennoch aber gestehe ich, daß mich gegen dieses Vorgeben noch immer ein kleiner Unglaube beherrschte, indem mir die Rolandersche Beschreibung dieses Insekts so wunderbar vorkam, daß ich es beynahe für eins der größten Wunder der Natur halten mußte, wenn die Sache selbst sollte gegründet seyn, und sie wirklich alle die Absichten hätte, die man ihr beylegte. Bey der Untersuchung der Natur kan ein kleiner Unglaube nicht schaden. In der Physik, sagt Bonnet, kan man nicht skrupulös genug seyn. Es dienet dazu, die Sache desto genauer zu untersuchen, und nicht gleich alles auf anderer Sagen anzunehmen. Man muß die Natur selbst sehen, hören und reden lassen. Denn es ist nichts schwerer, und mißlicher, als in der Teleologie die richtigen Absichten eines jeden Dinges, besonders bey den Insekten anzugeben. Es ist nichts leichter, als darin zu fehlen, wenn man hier mehr der Einbildung und Vernunftschlüssen, als Faktis trauet. Denn wenn

man

man gleich dabey die gute Meynung hat, die Ehre und
Weisheit Gottes in ein grösseres Licht zu setzen; so
kan doch dieser erhabene Zweck nicht eher erreicht werden, als wenn die Wahrheit zum Grunde liegt. Es
kan ja eigentlich nichts erbauen, und uns mit würdigen Empfindungen gegen den weisen Schöpfer erfül-
len, als wenn die Sache, dadurch wir uns erbauen
wollen, Gründlichkeit hat. Warum erbauen so
wenig Predigten, weil ihnen das Gründliche fehlet?
Naturbetrachtungen sind Predigten von Gottes
Herrlichkeit für das Auge und das Herz des Menschen.
Sie müssen also auch auf das Wahre und Gründliche gebauet seyn.

Mit diesen Gedanken war ich gegen diese vorgebliche Siebbiene eingenommen, als ich im vorigen Som-
mer eine kleine Reise nach Halle that, wo ich Gelegenheit hatte, das fürtrefliche Kabinet meines alten und
würdigen Freundes, des Herrn Gründlers, zu bewundern, und zu gleicher Zeit mich mit diesem erfahr-
nen und gründlich denkenden Manne, der die Natur
aus allen Welttheilen im Kleinen in der Stube hat,
über die vermeynte Siebbiene zu unterreden. Er
äusserte mir gleich anfänglich seine Zweifel dagegen, und
ermunterte mich, dieses Insekt genauer zu untersuchen,
und meine Beobachtungen darüber bekannt zu machen.
Er sagte mir zugleich, daß sie sich bey Halle herum in
alten Mauern und Wänden aufzuhalten pflege. Ihre
Zeit aber war damals schon vergangen. Deshalb war
er so gefällig, mich mit einem Paar dieser Gattung, aus
seinem Kabinet, mit Männchen und Weibchen der

Sieb-

Siebbiene zu beschenken. Diesem würdigen Man=
ne, der in meinen Augen um die Natur grosse Ver=
dienste, und in seinem Kopfe seltene und höchstwichtige
Bemerkungen gesammlet hat, hat das Publikum diese
gegenwärtige Abhandlung zu danken, wobey ich wünsch=
te, daß es ihm selbst gefallen hätte, sie auszuarbeiten;
so würde ich gern die Feder niedergelegt, und derselben
zum voraus den Vorzug zugesprochen haben. Ich
nahm mein Geschenk von ihm an, und faßte den Ent=
schluß, sobald ich meine Reise geendigt, diese Untersu=
chung vorzunehmen.

III. Abschnitt.

Ich komme nun zu der nähern Beschreibung der
Siebbiene, die Herr Daniel Rolander davon gege=
ben hat. Wo sie stehet, habe ich oben bereits ange=
zeigt. Ihre Ueberschrift lautet: Die Siebbiene von
D. Rolander beschrieben. Sie ist sehr kurz, und die
beygefügten Kupfer so schlecht, daß sich niemand, der
das Insekt noch nie gesehen, eine richtige Vorstellung
machen kan. Ich werde ihm also in seiner Beschrei=
bung leicht folgen können.

Gleich im Anfange habe ich einen kleinen Un=
terschied an den Fühlhörnern bemerkt, davon Ro=
lander sagt:

„Sie bestehen aus dreyzehn Gelenken, davon das
„erste und das dritte kugelrund und am kürzesten ist;
„das zweyte ist am längsten, die übrigen sind flach, an
„dem Rande gleichsam sägenförmig.„

Die Zahl der Gelenke trifft bey mir zu. Das
erste aber ist das längste, und stark mit Haaren besetzt.

Das

Das zweyte ist ein runder Wirbel; dann folgt wieder
ein etwas kürzeres, als das erste, und so nehmen sie
nach Proportion bis an die Spitze ab, die einem stum=
pfen Zapfen ähnlich ist.   Ihre Lage ist schief gegen ein=
ander, wie man sich etwan einen Krebsschwanz mit
schief liegenden und oben gewölbten Schuppen vorstel=
len mögte.   Das sägenförmige habe ich nicht finden
können.   Das übrige am Körper und an den Füssen
des Insekts kommt mit dem meinigen überein.   Da=
her will ich mich dabey nicht länger aufhalten.   Ich
komme zur Beschreibung des sogenannten Siebes an
dieser Biene, die Rolander gegeben hat.

„An den Vorderfüssen befindet sich eine glatte,
„glänzende und gewölbte Platte oder Schaale, (la-
„mella concava) deren oberes Ende abgeschnit=
„ten, und weiß, oder ins Gelbe fallend ist, sonst
„schwarzbraun, die Spitze rundlicht.   Diese Plat=
„te ist mit vielen **runden Löchern** durchbohret,
„daß sie wie ein **Flohrsieb** aussiehet. „

Das ist es alles, was uns von der Struktur
dieses vermeynten Siebes gesagt wird.   Ich erinnere
hierbey zweyerley: erstlich, daß wenn es dem Herrn
Rolander gefallen hätte, mehrere von diesen Insekten
einzufangen, da sie auf den Wiesen so häufig gewesen;
so würde er gefunden haben, daß dem Weibchen diese
Lamellen an den Vorderfüssen fehlen, und daß das, was
er beschrieben, das Männchen sey, welches in der Be=
schreibung nicht angezeigt ist.   Zweytens ist es ganz
falsch und unrichtig, daß diese Lamellen an den Vor=
derfüssen des Männchens mit runden Löchern durch=
bohret sind, wie ich unten augenscheinlich erweisen werde.

Das

Das Hauptvorurtheil bey dieser Sache, und die Quelle aller falschen daraus hergeleiteten Folgerungen!

Nach einer so kurzen Beobachtung und Anzeige der Struktur dieser vermeynten Siebe kommt Herr Rolander gleich auf die der Einbildung schmeichelnden Absichten dieser Werkzeuge. Er fähret fort:

„Die kleinen Hornschuppen, die an des Thieres „Vorderfüssen befestiget sind, sind bewundernswerth, „und zeigen sich bey keinem andern Thiere.„

Sie verdienen allerdings die höchste Bewunderung, wenn wir sie gleich künftig nicht mehr, als Siebe ansehen dürfen. Von dergleichen Art und Einrichtung zeigen sie sich freylich an keinem andern Thiere, obgleich andere, als gewisse Wasserkäfer *) ähnliche Werkzeuge, und hörnigte Kniescheiben, und zwar allein die Männchen, an ihren Vorderfüssen haben.

„Was diese sonderbare Gestalt noch vermehret, „heißt es weiter, ist, daß sie wie ein Flohrsieb, „wegen ihrer unzähligen Löcher durchsichtig sind. „Beym ersten Anblicke war ich versichert, daß der „Schöpfer, der alle Dinge in gewisser Absicht ge„macht hat, auch dieses Werkzeug ihm nicht verge„bens mitgetheilet habe, und suchete deswegen den „Gebrauch davon zu entdecken. Ich sah wohl so„gleich, daß das Thier bey seinem Herumfliegen auf „den Blumen Mehl davon sammlete, aber weiter „nichts.

*) Ich habe davon eine eigene Abhandlung in die neuen Berlinischen Mannigfaltigkeiten: Sechste Woche, p. 81 gesetzt, die den Titel hat: Der wunderbare Bau der Kniescheibe an dem Fusse eines Wasserkäfers. In dem 32 neuesten Bande der schwedischen Abhandlungen ist dieser Käfer weitläuftig beschrieben.

„nichts. Nichts destoweniger war ich auf alle seine
„Bewegungen in den Blumen aufmerksam, bis ich
„endlich von ungefähr merkete, daß aus den mit
„Mehl erfülleten Scheiben kleine Körnchen, wie
„ein Staubregen herunterfielen. Ich stellte also
„das Vergrößerungsglas *) unter und auf die
„Seiten dieser Scheibe, und fand, daß das Feinste
„von dem Mehle, wenn das Thier sich Nahrung
„auf den Blumen sammlet, durch die Löcher, wie
„durch ein Flohrsieb, herunter geht. „

Ich kan nicht leugnen, daß mir dieser letzte Umstand, daß der Staubregen von den Lamellen herunter
gefallen, und durch die Löcher derselben durchgegangen
sey, bey einer ziemlich schwachen Vergrößerung am
verdächtigsten vorgekommen ist. Allein wenn man einmal eine Hypothese im Kopfe hat, so muß sich alles
darnach bequemen. Die Lamellen des Thiers sind
Siebe. Wenn nun gleich das Blumenmehl von den
haarigten Füßen, vom Kopfe, von den Flügeln des
Insekts herabstäubet; so muß es auch durch die Löcherchen des Siebes durchgepülvert werden. Das
Mikroskop ist darnach gestellt. Es sind Stäubchen
herunter gefallen; also sind sie durch die Sieblöcher
der Lamellen gegangen. So schließt man nach der einmal angenommenen Hypothese. Gesetzt aber, daß
auch dies Werkzeug ein wirkliches löcherigtes Sieb
sey; so kan ich mir unmöglich vorstellen, daß man unter

---

*) Ich schliesse fast hieraus, daß Herr Rolander sich nur
  eines Handglases bey seinen Beobachtungen bedient habe, da es mir sonst unbegreiflich ist, wie er mit einem
  Composito habe dem Insekte in seinem Herumfliegen
  folgen können. Das folgende wird es klar machen.

ter dem Vergrösserungsglase ganz untrüglich sehen kön=
ne, ob dieser Staub durch, oder neben zu falle, zu=
mal wenn man das ganze Thier darunter hat, welches
noch mit Staub bedeckt ist, da man denn wohl, wie
allen geübten Naturforschern bekannt ist, mit keiner
sonderlich starken Vergrösserung ankommen kan. Al=
lein die Lieblingshypothese muß herausgebracht wer=
den, und das ist diese:

„Also hat der Schöpfer dieses Thier geordnet,
„seine Nahrung vom Blumenstaube zu nehmen, und
„zugleich zur Ersetzung des Schadens für die Ge=
„wächse, ihm dieses durchbohrte Werkzeug mitge=
„theilet, wodurch mit einerley Arbeit doppelter Vor=
„theil erreicht wird, daß es an statt die Pflanzen zu
„verwüsten, sie aussäet.„

Dieses wird mit einigen Beyspielen und Zeugnis=
sen erläutert, daß die Insekten etwas zur Vermehrung
der Gewächse beytragen können, indem sie den Saamen
von einem Orte zum andern an sich selbst weiter bringen.

„Daß es Insekten giebt, welche der Fortpflan=
„zung der Gewächse dienlich sind, hat man vor die=
„sem am Feigen= und Maulbeerbaume entdeckt.
„Man sehe hiervon Corn. Hegards 1744 unter
„dem Herrn Archiater Linnäus gehaltene Disputa=
„tion de Ficu. Daß Bienen und Hummeln bey
„verschiedenen Blumen eben das verrichten, wird
„unstreitig seyn, vornemlich wo die aufgerichteten
„weiblichen Theile der Blumen höher als die männ=
„lichen stehen, daß das Mehl vom Winde schwerlich
„an die Narben kan geführet werden. Wenn
„diese Honig suchende Insekten ihre Pelze und Füsse

„mit

„mit Mehle bedeckt haben; so schütteln sie bey ih-
„rem eifrigen Suchen nach Honig das Mehl in die
„Narben (Stigmata), welche es in sich nehmen,
„und so werden die Saamen befruchtet.„

Die Hauptabsicht bey den Lamellen der Siebbiene ist also zweyerley; einmal den Saamenstaub
der Blumen aufzunehmen, zweytens durchzusichten,
damit er noch feiner werde, als er natürlich ist. Hier-
gegen will ich nur dieses einwenden: Sollen viele Insekten das Blumenmehl zu gewissen Gewächsen übertra-
gen, wo es durch den Wind nicht hingebracht werden
kan; so ist es entweder schon genug den blossen Staub,
wie er ihnen von der Blume anhängt, dahin zu führen,
oder es muß derselbe erst noch mehr verfeinert werden.
Ist das erste; so braucht es keines Siebes: ist das
zweyte; so müsten mehrere Insekten, Bienen, Wespen
und Hummeln mit solchen Werkzeugen versehen seyn.
Wird also das Gewächs, z. E. die Umbellen, woran
sich die Siebbiene vorzüglich vergnüget, natürlicher
Weise schon befruchtet, wenn der männliche Saamenstaub in die weiblichen Gefässe fällt, und darin die Kei-
me entwickelt; so muß er dazu auch geschickt bleiben,
wenn er an der Siebbiene hängen bleibt, und von ihr
in die weiblichen Gefässe einer entfernten Blume von
der Art gestreuet wird. Warum soll er also erst an
diesem Insekte durch besondere Siebe gesichtet werden?
Ueberdem ist nur diese Klasse von Ichneumonswespen
mit diesen Lamellen an den Vorderfüssen, und zwar nur
die Männchen damit versehen, da sie so vielen andern
ihnen sehr ähnlichen Gattungen fehlen. Warum sollen also nur die Männchen einer Art den Vorzug haben,

ben, den Blumenstaub auf solche Weise zur Vermehrung der Gewächse auszustreuen, und so viele andere,
auch sogar die Weibchen dieser einen Art, dieses Vor-
rechts beraubt, und gleichsam von dem Schöpfer ver-
gessen seyn? Scheinen also nicht zu diesen grossen Absichten der Mittel zu wenig und zu klein zu seyn? Ich
fürchte immer, daß man hierin zu weit gehe. Nach
diesen Erinnerungen bitte ich meine Leser, auch die folgenden Gedanken des Herrn Rolanders zu betrachten.

„Wer daran zweifelt, daß es so zugehe, darf nur,
„weil das Buch der Natur allen offen steht,
„dieses an den Vorderfüssen des Thierchens befind-
„liche Sieb betrachten, und zugleich bemerken, wie
„das Thier, wenn es von dem zusammengehaarten
„Mehle erfüllet ist, bey Suchung seines Futters
„zuweilen über ganze Wiesen aus einer Blume in
„die andere eilet, da durch sein Schütteln und seine
„Bewegung die feinsten Theile des Mehls durch die
„Löcher in den Fußscheiben häufig auf die Blumen
„gesiebet werden; wie nachgehends das Thier seine
„Siebe, wenn sie von Mehle verstopft sind, mit
„seinen spitzigen Kinnbacken ausgräbt, daß es
„mit grösserer Bequemlichkeit wieder Mehl sammlen
„und aussieben kan. „
Dieses letztere kan meines Erachtens von dem
Thiere ebenfalls geschehen, wenn es auch seine Lamellen
zu ganz andern Absichten, als zum Sieben gebrauchen
sollte. Man siehet offenbar, daß alles nach der angenommenen Hypothese geschlossen und gefolgert ist.
Uebrigens hat Rolander seine kurze Beobachtung mit
fürtreflichen Gedanken beschlossen, die ich meinen Lesern

nicht

nicht vorenthalten will, so wie ich überhaupt die Ver-
dienste dieses Mannes gar nicht denke verkleinert zu
haben, wenn ich gezeigt habe, wie leicht man sich bey
dergleichen Versuchen betrügen kan. Vielmehr glaube
ich durch ihn selbst berechtiget zu seyn, mich in dem
offenstehenden Buche der Natur umzusehen, und
vielleicht wäre ich nie zu dieser Untersuchung und Entdeckung gekommen, wenn er nicht dieses Insekt für eine
Siebbiene ausgegeben hätte. Hier sind seine letzten
Worte :

„Dieses wird jedermann von der Richtigkeit des-
„sen, was ich sage, überführen, und er wird mit
„Verwunderung zugestehen, daß die kleinsten und
„von den Menschen meistens so geringe geschätzten
„Thiere, oft die grösten Wunder und Meisterstücke
„in der Natur auszuführen verordnet sind. Es ist
„kein Zweifel, daß alle Thiere zu ihren gewissen und
„beständigen Absichten erschaffen sind. Diese sehen
„wir mit sonderbaren und nur zum Durchsieben
„brauchbaren Werkzeugen versehen, die jeder Ver-
„nünftiger mit seinen Augen finden und be-
„trachten kan. Man kan diese Untersuchung am
„besten im Brachmonate anstellen, da die stäuben-
„den Blumen ihr Mehl am meisten von sich geben.
„Ob das Mehl, das aus den Blumen gesiebet wird,
„ganz oder ausgesprungen ist, habe ich mit meinen
„schlechten Vergrösserungswerkzeugen nicht
„entdecken können. Mir ist genug, hierdurch an-
„dere aufzumuntern, daß sie diese vordem unbe-
„kannte Begebenheit in der Natur mit mir ge-
„nauer betrachten. Die Natur ist in ihren
„Werken

„Werken so mannigfaltig, daß man sie unzuläng=
„lich betrachten kan.   Dieses könte auch denen,
„welche sich mit der Erzeugung der Pflanzen beschäf=
„tigen, Anlaß zu neuen Versuchen geben, da sie ein
„neues Gesetz der Natur sehen, und wenigstens fin=
„den, daß die Arbeiten der Insekten auch bey den
„Blumen ihren Nutzen haben.„

Da Herr Rolander selbst gestehet, daß er mit
schlechten Werkzeugen zum Beobachten sey versehen
gewesen; so hat er auch dieses Organ nicht anders, als
wie er selber sagt, unzulänglich betrachten können, und
mir durch seine beygefügte Ermunterung das Recht gege=
ben, diese Sache genauer zu untersuchen, welches ich
auch mit einem der besten Mikroskope unserer Zeiten,
mit einem Hoffmannschen aus Leipzig, geleistet habe.

IV. Abschnitt.

Ich bin gewiß überzeugt, daß ich meine Leser
vergnügen werde, wenn ich ihnen die schönen Beobach=
tungen des Herrn von Geer über eben dieses Insekt,
in einem Auszuge vorlege.   Ich bin dazu aus zweyer=
ley Gründen bewogen worden: einmal, weil ich weiß,
daß dieses Werk nicht in gar vielen Händen ist, zwey=
tens, weil dadurch meine Gedanken von der wahren Be=
schaffenheit dieses Organs völlig bestätiget sind.   Diese
Abhandlung von der Siebbiene ist in seinem grossen In=
sektenwerke befindlich, und mit Kupfern versehen, die mir
aber nicht die gehörige Genauigkeit zu haben scheinen,
wenn sie mit dem Original verglichen werden *).

C 3   Zuerst

---

*) Memoires pour servir à l'histoire des Insectes, à
Stockholm 1771. 4. Tom. II. Part. II. pag. 810.
Mem. XIV. Pl. 28. fig. 1. 2. 3.

Zuerſt muß ich mit gebührender Beſcheidenheit gegen die Einſichten dieſes groſſen Beobachters erinnern, daß die fig. 3. bemerkten Punkte dieſer lamelle alle von gleicher Gröſſe angegeben ſind, welches ſich in der That nicht ſo verhält. Ich bitte daher alle und jede Naturforſcher, welche das Geerſche Kupfer mit meinen Abbildungen zu vergleichen Gelegenheit haben, und zugleich das Original ſelbſt dagegen halten können, ob dieſes nicht der Wahrheit und Erfahrung vollkommen gemäß ſey.

Ich komme zu den Geerſchen Beobachtungen ſelbſt. Er rechnet die Siebbiene zu den Ichneumonswespen, wozu ſie theils ihrer Geſtalt, theils anderer Kennzeichen wegen gehöret; daher ſie auch Linné in ſeiner letzten Ausgabe unter dieſe Klaſſe gebracht hat *). Es folget nun erſtlich die Beſchreibung ihrer Geſtalt und Gliedmaſſen; hernach die Beobachtungen und Gedanken über das vermeynte Sieb.

1. Die Ichneumonswespen dieſer Art ſind in der Gröſſe einer kleinen Wespe. Ihre Farbe iſt ſchwarz; der leib aber beſtehet aus ſieben Ringen; oben hat er ſieben gelbe Streifen, davon die zwente und dritte nicht ganz durchgehen, ſondern in der Mitte des Körpers durchgeſchnitten ſind; ſo daß eine jede derſelben an den Seiten nur zwen gelbe Fleckchen macht, worunter die an der zwenten Streife die breiteſten ſind.

Die Oberlippe des Inſekts iſt weiß, glänzend und gleichſam Silberfarbigt, wenn man den Kopf von vorne anſieht. Inwendig ſind die Augen mit eben einer

solchen

*) Genau zu reden, hat ſie Linné zu den Sphechſen gerechnet, weil die Ichneumons ungleich mehrere Fühlhörnergelenke haben. S. N. ed. XII. p. 945.

solchen Silberweissen linie eingefaßt. Die Fühlhörner
sind ganz schwarz, wie auch die Schenkel; die Füsse
aber, und die Vordertheile des andern und dritten Paars
sind Okergelb. Die Flügel sind vornemlich am Hinter-
rande schwarzbraun gefärbt.

Der Kopf, der Brustschild und die Schenkel
sind haarigt; am Leibe aber sitzen nur da einige Häärchen, wo er nahe am Brustschilde ansitzet. Der Kopf
ist grösser und breiter, als der Brustschild, wiewohl dieser auch ziemlich groß ist. Der Leib ist wie eine länglichte Spindel gestaltet, und gehet hinten konisch zu.
Die Flügel erstrecken sich nicht bis ans Ende des Leibes.

2. Beobachtungen und Gedanken über das vermeynte Sieb. Dies macht aber, fähret der Herr von
Geer fort, diese Wespen besonders merkwürdig, daß
jeder Vorderfuß mit einem ziemlich grossen, aber dünnen Hornstück versehen ist, das die Gestalt eines
Plättchens hat, so inwendig hohl ist, und ganz mit
Löchern, wie ein kleines Sieb, scheint durchbohrt zu
seyn; wenigstens sind es viele durchsichtige Punkte, die dem ersten Ansehen nach scheinen durchbohrt
zu seyn.

Nach dieser Vorstellung, daß diese durchsichtigen
Punkte löcher sind, schließt Rolander auf die Absicht
dieser hohlen Lamellen. Er behauptet, es sammle die
Wespe in diesen hohlen Lamellen das Staubmehl von allen Arten der Blumen, welches ihr zur Nahrung diene.
Er behauptet gesehen zu haben, daß das feinste Staubmehl durch die kleinen Löcher, als durch ein Sieb durch-
gehe, und auf die Blumen falle. Er muthmasset, daß
die Absicht dieses feinen Staubes, der wie ein Staubre-

gen durch die Löcher fällt, dazu diene, die Pistillen der
Blumen desto leichter zu befruchten.

Setzt man voraus, daß die durchsichtigen Punkte
dieser Lamellen Löcher sind; so scheint der Schluß des
Rolanders sehr wahrscheinlich zu seyn. Ich selbst
bin sehr lange der Meynung gewesen, weil ich die
Lamellen nicht aufmerksam genug betrachtet hatte.
Eine genauere Untersuchung aber hat mich überzeugt,
daß die Punkte, die man darauf siehet, keineswegs
Löcher sind, daß sie nur so aussehen, weil sie sehr
durchsichtig, übrigens aber die Lamellen braun und dun-
kel sind; sie sind also nicht durchbohrt, und weiter nichts
als durchsichtige Punkte. Um sich davon zu überzeugen, darf man nur die Lamelle unter einem guten
Vergrösserungsglase schief ansehen; so werden die
vermeynten Löcher alsdenn verschwinden, und man
wird gewahr werden, daß die ganze Oberfläche eben,
und gleich sey, und darauf keine Oeffnungen zu merken sind. Wären die Punkte wirkliche Löcher, so
müsten sie in der Lage eben so gut zu sehen seyn, als
wenn man die Lamelle von vorne oder von oben betrachtet. Ich ersuche die Naturforscher, solches mit gleicher Aufmerksamkeit zu untersuchen, und ich bin überzeugt, daß sie sich von der Richtigkeit meiner Beobachtung leicht überzeugen werden. Folglich fällt der
Schluß auf die Absicht dieser vermeynten kleinen Siebe
von selbst.

⸸ Wenn also Rolander behauptet, er habe das
Blumenmehl, als einen feinen Staubregen durch die
Löcher des Siebes durchfallen sehen; so zweifle ich sehr,
ob solches nicht ein Betrug der Augen gewesen, und
glaube

glaube vielmehr, daß der Staub von den Lamellen ne=
ben zu gefallen sey, da er selbst gestehet, er sey nicht
mit den besten Mikroskopen versehen gewesen. Sind
also in den Lamellen keine wirkliche Löcher; so ver=
schwindet das Wunderbare dieser Beobachtung völlig.

Inzwischen verdienet dieses vermeynte Sieb
doch alle Aufmerksamkeit und Bewunderung, wenn es
gleich die Absicht nicht haben sollte, die ihm Rolander
beygeleget hat. Auswendig ist es convex, inwendig
aber concav; es ist von gleichem Umfange wie eins der
netzförmigen Augen des Insekts, und scheint dicht am
Kopfe zu sitzen, wenn das Thier solches stille hält.
Seine Gestalt ist beynahe oval, aber etwas unförmlich;
die Grundfläche ist so breit, als die ganze Länge des ei=
gentlichen Fusses; denn solcher ist darin mit beyden En=
den eingegliedert; so daß der Fuß scheint die Basis der
Lamelle zu seyn. Das andere Ende ist rundlicht wie
eine stumpfe Spitze. Die Farbe der Lamelle ist schwarz=
braun oder beynahe schwarz, und undurchsichtig; nach
dem hintersten Rande zu, ist sie röthlich, und etwas
durchsichtig. Auf der Oberfläche zeigen sich viele durch=
sichtige Punkte die Löcher zu seyn scheinen, aber in der
That keine sind. Am Ende ist sie inwendig gekrümmt.
Unterwärts dicht am Fusse ist sie mit einer graulichen
Haut überzogen.

Am Ende dieses unförmlichen Gliedes an der
Seite der hornigten Lamelle sitzt der eigentliche Fuß, der
eben so ungestalt als dieses ist. Ob er gleich aus eben
so vielen Gelenken, als die andern bestehet; so sind sie
doch ganz anders gebildet; sie sind gleichsam auf einan=
der gedrückt, oder zusammen gezogen. Was die an=

C 5   dern

dern zu lang sind, sind diese zu breit, zugleich aber platt.
Der erste Theil dieses sonderbaren Fusses, der auch der
längste unter allen ist, ist gewunden oder gekrümmet.
Die drey folgenden sind etwas länger; sie sind aber von
gleicher Länge, als es der vorhergehende am Ende ist.
An einer Seite gehen sie in eine ziemlich lange Spitze
aus. Der fünfte und letzte Theil ist sehr unförmlich
gestaltet. Und an diesem sitzen die beyden Häkchen,
und die beyden Ballen, worauf der Fuß ruhet. Der
eine dieser Hacken ist sehr kurz; der andere aber lang,
und ganz sonderbar gestaltet. Diese sonderbaren Vorderfüsse sind überall stark mit Haaren besetzt, da die hornigte Lamelle nur da, wo sie dicht am Schenkel sitzt,
einige derselben hat.

1. Die Wespe, die solche Lamellen an den Vorderfüssen trägt, ist ein Männchen; sie hat auch hinten keinen Stachel, und kommt darin mit andern Bie-
nenmännchen überein. Doch ich habe hinten an ihr
noch andere merkwürdige männliche Geschlechtstheile gefunden, die mir dazu bestimmt zu seyn scheinen, sich bey
der Begattung damit hinten an das Weibchen anzuhän-
gen. Anfänglich sind es zwey länglichte Theile in Form
dünner und ausgehölter Platten von einer schaaligten
Substanz, die sich in eine stumpfe Spitze endigen, und
inwendig durch ein hornigtes, länglichtes, und hinten
zugespitztes Stück bevestiget sind. Oben auf sind sie
artig gefaltet, und an den Rändern haben sie kurze Haare. Diese beyden Theile sind ferner wie länglichte Löf-
felblätter, unten aber beweglich, so daß das Insekt sie
öffnen und von einander thun, und sie nach seinem Be-
lieben bewegen kan. Ohne Zweifel sind sie dazu gemacht,

macht, sich damit hinten am Weibchen vest zu halten,
oder sich desselben damit gleichsam wie mit einer Zange
zu bemächtigen.   An der inwendigen Seite etwas dar=
unter haben sie eine kleine hornigte Springspitze, und
sitzen an einem grossen konischen Stück in der Gestalt
eines Herzens.

Dicht an der Basi dieser beyden löffelartigen Zan=
gen sitzen zwey bewegliche Häckchen mit einer stumpfen
unterwärts gebogenen Spitze.   Sie dienen unstreitig
zu eben der Absicht als die vorigen, um sich damit an
das Weibchen anzuhalten.

Unter diesen löffelartigen Stücken ist noch ein
anderes plattes etwas ausgehöhltes in der Mitte durch=
sichtiges Stück, welches aber ganz um sich herum einen
aufgeworfenen und hornigten Rand hat, der am Ende
gespalten, und mit zwey stumpfen Spitzen versehen ist.
An diesen Rändern, vornemlich am Ende sitzen viele
Haare.   Dieses Stück, das fast wie ein Triangel aus=
sieht, ruhet auf einem andern dünnen hornigten Theile,
das oberwärts etwas ausgehöhlt ist, und sich in zwey
stumpfen, ziemlich weit von einander stehenden Spitzen
endiget.   Es scheint nur zum Schutz der vorhergehen=
den Theile gemacht zu seyn, um ihnen zur halben Decke
zu dienen.   Alle diese Theile liegen inwendig im Leibe,
dicht am Hintern, und man muß den Bauch ziemlich
stark drücken, wenn sie heraustreten sollen.   Dies sind
also verschiedene dem Männchen gegebene Werkzeuge,
um sich damit hinten am Weibchen vest zu halten.

Auch die Fühlhörner des Männchens sind etwas
anders gestaltet, als die weiblichen.   Anfänglich sind
sie darin verschieden, daß sie ein Gelenke mehr, als jene
haben.

haben. Es sind an den männlichen dreyzehn, an den weiblichen nur zwölf Gelenke; das kleine Stückchen, womit sie am Kopfe ansitzen, nicht mitgerechnet. Das erste ist viel länger, als die andern alle; wo es angeht ist es dünner, als an dem andern Ende; es wird aber immer dicker, wie es in der Länge fortgeht, so daß es wie ein umgekehrter Kegel aussieht. Das andere ist klein und fast ganz rund. Die eilf folgenden Gelenke formiren eine länglichte Keule, die in der Mitte breiter, als an beyden Enden ist. So wie sie in der Länge fortgeht, nimmt sie ohngefähr bis in die Mitte ihres Umfangs zu. Hernach nimmt sie allmählig wieder ab, und endiget sich in eine stumpfe Spitze. Diese Keule ist in der Mitte also breit, aber eingedrückt; sonderlich dicke ist sie nicht, so daß sie einem Widderhorn ziemlich ähnlich ist, weil sie hier nach Art dieser Hörner etwas gebogen und gewunden ist. Die Haare an diesen Fühlhörnern sind an einigen Orten ziemlich lang.

2. Da nun die Ichneumonswespen, welche die ausgehohlten Hornlamellen an ihren Vorderfüssen haben, Männchen sind; so vermuthe ich eine andere Absicht derselben, als sich Rolander eingebildet hat. Ich glaube, daß diese bloß damit versehen sind, um sich der Weibchen zu bemächtigen, und sich vermittelst derselben bey der Begattung an ihrem Leibe vest zu halten. Inzwischen halte ich es für eine blosse Muthmassung, die mir aber sehr wahrscheinlich vorkommt. Man siehet dergleichen Kniescheiben auch an gewissen männlichen Wasserkäfern. Sie haben sie an den Vorderfüssen. Sie sind inwendig hohl, und oben gewölbt, womit sie sich bey der Begattung an den Weibchen anhalten.

Ich

Ich traf einmal zwey solche Wespen in der
Begattung an; da sie sich aber auf die Erde geworfen
hatten, konte ich nichts deutliches unterscheiden. Ich
suchte sie beyde zu fangen. Das Männchen haschte ich
auch, welches das ist, was ich hier beschrieben habe;
allein zu meinem grösten Verdruß gieng mir das Weib=
chen fort; es war mir solches desto verdrüßlicher, je
seltener ein solcher Fall wieder vorkommt, und ich ein
gar zu grosses Verlangen hatte, das Weibchen genauer
kennen zu lernen; denn ich vermuthe sehr, daß dem=
selben diese Werkzeuge oder Lamellen fehlen.

Ich habe in meinem Kabinet noch verschiedene
Ichneumonswespen, die diesen an Grösse und Gestalt
sehr ähnlich sind, und in der Farbe beynahe gleich kom=
men, nur daß sie etwas grösser sind, aber die Lamellen
an den Vorderfüssen fehlen ihnen allen. Ich bin sehr
geneigt zu glauben, daß dieses die Weibchen von denen
sind, welche die Lamellen an sich haben, welches sich
auch dadurch zu bestätigen scheint, indem diese alle hin=
ten einen Stachel führen. Hier folget ihre Beschreibung.

Der Kopf, der Rückenschild, und die Fühlhörner
sind ganz schwarz; nur die Oberlippe des Mundes ist
silberfarbigt. Der Bauch ist auch schwarz, aber mit
fünf gelben Querstreifen geziert, davon die andere und
dritte nicht durchgehen, oder gleichsam in der Mitte ab=
geschnitten sind. Die beyden Flecke der zweyten sind
viel breiter als der dritten. Die Schenkel sind
schwarz *), aber die Beine und Füsse gelb.

Der Bauch hat nur sechs Ringe, da das Männ=
chen mit dem Siebe sieben dergleichen Ringe hat.

Man

*) Eigentlich nur schwärzlich, bey den Männchen aber recht
glänzend schwarz. Uebers.

Man findet diesen Unterschied überhaupt in der Zahl der Ringe bey den männlichen und weiblichen Wespen. Der zweyte Unterschied, den ich hier bemerke, bestehet darin, daß das Weibchen nur fünf gelbe Streifen am Hinterleibe, das Männchen aber ihrer sieben hat. Im übrigen sind sie sich einander vollkommen gleich, ausgenommen, daß das Männchen die hornigten Lamellen und das Weibchen einen Stachel, und in den Fühlhörnern nur zwölf Gelenke hat.

V. Abschnitt.

Dieser Abschnitt wird meine eigenen Beobachtungen über dieses merkwürdige Insekt in sich fassen.

1. Hier will ich erstlich anzeigen, daß ich solche bereits gemacht, gesammlet, und niedergeschrieben, ehe ich das kostbare Werk des Herrn von Geer erhielt, und darin manches bestätiget fand, was ich bereits angemerkt hatte. Da ich aber doch verschiedenes entdeckt, was der Herr von Geer nur noch für eine Muthmaßung hält, z. E. die Absicht des vermeynten Siebes zum Anhalten und Bestsitzen des Männchens bey der Begattung; ich aber solches mit Gewißheit zu erkennen glaube; da er ferner wegen des Weibchens dieser Insekten noch etwas zweifelhaft zu seyn scheint; ich aber solches wirklich besitze, und völlig überzeugt seyn kan, daß es ein Weibchen sey; da ich sonst hier und da sowohl an dem Insekte selbst, als besonders an dem vermeynten Siebe, einige neue und nicht ganz unerheblliche Entdeckungen glaube gemacht zu haben; da endlich der Herr von Geer selbst alle Naturforscher nochmals aufgemuntert hat, diesen Umstand auf das sorgfältigste

zu unterſuchen; ſo habe ich mich dadurch berechtigt ge=
halten, dieſe meine Beobachtungen dem Publiko vor=
zulegen, damit man theils ſehe, daß ich den Herrn von
Geer nicht ausgeſchrieben, ſondern ſorgfältig verglichen
habe, und zugleich in den Stand geſetzet werde zu ur=
theilen, ob ich vielleicht noch einige Verſuche und Ent=
deckungen mehr gemacht, die dieſe Sache in ein völli=
ges Licht ſetzen und entſcheiden können.

2. Ich will alſo damit den Anfang machen, daß
ich erſtlich beweiſe: es könne das vermeynte Sieb die=
ſer Weſpe kein eigentliches Sieb ſeyn; hernach daß
ich zeige, wie es wirklich kein dergleichen vorgebliches
Werkzeug ſey, ſondern eine ſolche Struktur habe, wor=
aus man leicht abnehmen kan, daß es dieſem Inſekte
zu einer ganz andern Abſicht von der Natur ſey ge=
geben worden.

Erſter zu beweiſender Satz.

Das vermeynte Sieb der ſogenannten
Siebbiene kan kein eigentliches Sieb ſeyn,
um den Mehlſtaub der Blumen zu ſichten.

Dieſen Beweis einleuchtend, ſinnlich und hand=
greiflich zu machen, betrachte man nur die III. Figur der
zweyten Kupfertafel, wo dieſe Lamelle mit der conve=
xen Seite vorgeſtellet iſt. Dieſes iſt die Seite, welche
allezeit oben ſtehet, wenn das Inſekt dieſe Hornſcheibe
in ihrer natürlichen Lage an den Vorderfüſſen trägt.
Wenn man ſie unter einer ſtarken Vergröſſerung, nach
der ſie hier abgebildet iſt, betrachtet; ſo muß man ſich
in der That wundern, daß ſie beynahe halbkugelicht ge=
wölbt, und nach Proportion unten oder inwendig tief
ausge=

ausgehohlet ist. Man kan es hauptsächlich an dem Fokus einer starken Vergrösserungslinse merken, welchen man, wenn er mit einigen Punkten der Oberfläche in richtiger Stellung stehet, wenigstens eine halbe Linie herunterschieben muß, wenn man die Flecke an den Ränden scharf und deutlich sehen will.

Dieses vorausgesetzt, urtheile man selbst, ob es mit der Natur eines Siebes, es sey so klein, wie es wolle, übereinkomme, daß die gewölbte Seite oben, die hohle aber unten sey. Sollte nun dies Thierchen damit den Blumenstaub sammlen; so müste es eine ganz andere Stellung an seinen Füssen haben. Es müste die convexe Seite unten, die concave aber oben seyn, damit es, wie mit einem Durchschlage, den Staub auffangen und sichten könte. Nach dieser seiner gewöhnlichen Lage aber zu urtheilen, kan ich mir nicht einmal vorstellen, wie die unterste hohle Seite nach Rolanders Vorgeben vollgestopft werden, und von dem Thierchen mit seinen Kinnbacken ausgegraben werden könne.

Soll ferner das Thierchen vermittelst dieses Werkzeuges den Blumenstaub sichten; soll also dieses Werkzeug die Stelle eines eigentlichen Siebes vertreten; so muß es wirklich hohle und offene Löcher haben, damit das feine durchfallen, und das gröbere zurückbleiben kan. Hiervon aber werde ich unten gerade das Gegentheil erweisen, und noch durch augenscheinlichere Proben, als der Herr von Geer angeführt, darthun, daß die weissen Punkte nichts weniger als offene Löcher, sondern ganz dicht und vest verschlossene Flecke sind. Da nun die beyden wesentlichen Eigenschaften, die zur Natur

tur eines Siebes gehören, es mag groß oder klein seyn,
diesem Werkzeuge fehlen; so ist es daraus, meines Erachtens, hinlänglich erwiesen, daß es kein wahres
Sieb seyn könne; sondern durch die Einbildung derer,
die es nicht genau genug untersucht haben, dazu gemacht sey.

Zweyter zu beweisender Satz.

Es ist dieses vermeynte Sieb wirklich und
in der That kein Sieb; sondern hat eine solche Struktur, die ganz andere Absichten an-
zuzeigen scheint.

1. Will ich die Struktur dieser hornartigen Lamelle beschreiben, wie ich sie unter den stärksten Vergrösserungen eines sehr guten Mikroskops gefunden habe. Ich mache hierbey zum voraus die Anmerkung:
man muß ein und ebendasselbe Objekt, wenn es zugleich
an einigen Theilen durchsichtig, an andern aber undurchsichtig ist, bald mit dem Reflektirspiegel, bald ohne
denselben betrachten.

Beobachtungen des vermeynten Siebes
mit dem Reflektirspiegel von unten.

Hier habe ich

1. entdeckt, daß die Lamelle aus zwey über einander
liegenden Häuten bestehe.

2. Daß davon die oberste eine bräunliche glatte Hornhaut, und die convexe Seite der Lamelle ausmache.

3. Daß dieselbe so porös sey, daß man die durchschimmernden Punkte allenthalben sehen kan.

4. Daß die hellen durchsichtigen Punkte, die man für Sieblöcher gehalten, die größern; die andern aber, die sich in den Lichtstralen des Spiegels verlieren, die kleinern sind, wie solches theils auf der convexen Seite bey fig. III. theils bey einem durch meine stärkste Vergrösserung betrachteten Stückchen bey fig. V. zu sehen.

5. Daß unter der obern Hornhaut noch eine sehr zarte weißgraulichte Membrane liege, wie der Herr von Geer schon bemerkt hat, welche dicht auf dieselbe geklebt ist, und von der alle die hellen und durchsichtigen Fleckchen, die größern sowohl als die kleinern, in der braunen Hornhaut herrühren.

6. Daß ich der größern Fleckchen auf 130 gezählt habe, ohne die ich etwa dabey kan übersehen haben.

7. Daß sie des Abends bey Lichte durch den Reflektirspiegel ein überaus schönes und prächtiges Ansehen haben.

8. Daß man alsdenn allein im Stande ist, die am Obertheile der convexen Seite, wo sie am Fusse sitzt, liegenden Häärchen nach fig. III. b. zu sehen, dergleichen unten in der hohlen Seite an dieser Stelle wenig oder gar nicht wahrzunehmen sind.

Beobachtungen des vermeynten Siebes ohne Reflektirspiegel bey dem reinem Himmelslichte.

1. Habe ich hier vieles entdeckt, welches der Spiegel hinderte zu sehen: nemlich, daß erstlich auf der convexen Seite von dem Ende an, wo es am Fusse sitzt, ein dickes Fadengewebe etwan bis in die Mitte gehet:

het: fig. III. g, g, welches ich vor Abgänge der membranösen Haut halte.

2. Daß in der Unterseite fig. IV. k, die weißgraulichte Haut, sammt den durchschimmernden Fleckchen noch viel deutlicher zu sehen sey.

3. Daß die weissen Flecke der Haut fig. IV. l, l, noch auf einem Stücke des Fusses zu sehen sind, zum augenscheinlichsten Beweise, daß das Vorgeben von offenen Löcherchen falsch sey.

4. Daß in der hohlen Seite bey fig. IV, m, eine sehr lange und starke Haarspitze zu sehen, deren Absicht mir noch unbekannt ist.

5. Daß nach fig. V. a, a, a, der gröste Theil der convexen Seite, aus lauter Silberpünktchen bestehe, woraus erhellet, daß die weisse Haut allenthalben durchschimmere, die man bey dem Gebrauch des Reflektirspiegels nicht sehen kan.

2. Ich komme zweytens zu der nähern Untersuchung der vermeynten Sieblöcher dieses Werkzeuges. Hierbey habe ich

1. einigen Unterschied zwischen den Geerschen Zeichnungen bemerkt. In diesen sind die Punkte alle von gleicher Grösse gezeichnet. Sie sind aber nicht nur nicht von gleicher Grösse, sondern auch von unterschiedener Gestalt; einige sind rund, andere oval, andere länglicht, einige groß, einige klein, wie es die Pori der Hornhaut verstatten, von denen allein die Grösse und Gestalt dieser Punkte herrühret, wie man bey fig. III. IV. insonderheit V. sehen kan.

2. Habe

2. Habe ich durch die stärkste Vergrösserung meines Mikroskops ein beynahe unmerkliches Pünktchen der ganze Lamelle beobachtet, welches dadurch viele Millionenmal vergrössert, sich mir mit seinen vergrösserten Punkten so gezeiget hat, wie bey fig. V. vorgestellet und abgebildet worden.

3. Habe ich in den vergrösserten Punkten a, b, c, d, e, f, die feinsten Ramifikationen der Haut wahrgenommen, welches abermal beweiset, daß es keine durchgebohrte offene Löcher sind. Und um mich davon auf das allergewisseste zu überzeugen, habe ich

4. mit der feinsten Nadelspitze etwas Blumenstaub in die hohle Seite der Lamelle gebracht, vorher aber um solche einen Rand von Wachse gemacht, daß nichts neben zu fallen konte. Hierauf besahe ich die auf einen Glasschieber in dieser Stellung gelegte Hornscheibe, und konte den Staub gar deutlich auf den weissen Flecken liegen sehen. Nun wurde unter diesen Schieber ein reines Glas gebracht, und derselbe einigemal stark erschüttert. Nachdem nun das untergelegte Glas hervorgezogen, und unter der Linse wieder beobachtet wurde, fand sich auch nicht ein Pünktchen durchgegangenen Staubes. Es bleibt derselbe sogar auf den zartesten Häuten der Flügel einiger Insekten liegen, ohne durchzufallen, gegen welche die Haut in diesem Werkzeuge noch viel dicker und vester ist. Endlich habe ich

5. meinen Einsichten nach den unwiderleglichsten Beweis gefunden, daß es keine Löcher, sondern Flecke einer unterliegenden Haut sind, welcher dem Geerschen, daß man die Lamelle schief ansehen müsse,

noch)

noch scheint überlegen zu seyn. Ich habe nemlich
unter der stärksten Vergrösserung ein solches Fleck=
chen mit einem Pferdehaare, zwar mit einiger Mühe,
aber doch glücklich durchstochen, da denn die Haut
zerrissen, und die herumhängenden Läppchen bey
fig. VI. a, a, b, b, zu sehen sind.

Da ich nun augenscheinlich durch diese Beobach=
tungen glaube erwiesen zu haben, daß die sogenannte
Siebbiene keine Siebbiene mehr sey; folglich dadurch
die ganze Hypothese von der Sichtung des Blumen=
mehls zur Fortpflanzung und Vermehrung der Gewächse
umgestossen habe; so hoffe ich zugleich die anderweitige
Absicht dieser Lamellen wahrscheinlich gemacht zu haben.
Der Herr von Geer ist schon darauf gekommen, und
hat vermuthet, daß sie dem Insekt dazu dienen, sich da=
mit an dem Weibchen bey der Begattung desto vester
anzuhalten. Ich will versuchen, ob ich dieser Muth=
massung, dafür sie der Herr von Geer ausgegeben, ei=
nige Grade mehr von Wahrscheinlichkeit verschaffen kan.
Ich gründe mich auf folgende Sätze.

1. Ist es zuverläßig und ausgemacht, daß das Männ=
chen dieser Art an den Vorderfüssen allein solche La=
mellen trage, wie ich bey der nähern Vergleichung
des Wespenweibchens zeigen werde.

2. Ist es zur Bestätigung dieser Muthmassung sehr
wichtig, daß das Männchen solche bloß an den
Vorderfüssen, und an keinem andern Paar von
Füssen dergleichen habe.

3. Sitzen sie gerade an dem Orte zwischen dem Schen=
kel und dem Fusse recht in der Mitte, wo der Ruhe=
punkt bey dem Anhalten des Insekts ist.

D 3　　　　4. Ha=

4. Haben wir in der Natur ähnliche Fälle, wie der Herr von Geer auch schon bemerkt, und ich oben von dem Dytiskus, einem gewissen Wasserkäfer in dem angezogenen Stücke aus den neuen Mannigfaltigkeiten erwiesen habe, daß das Männchen an den Vorderfüssen allein zwey ganz besonders gebauete Kniescheiben habe, in deren untersten hohlen Seite unzählige Kolbenähnliche Körperchen mit Stielen befindlich sind, wodurch er sich, wenn die obere Luft auf die convexe Seite drückt, auf dem glatten Hornrücken des Weibchens bey der Begattung, vesthalten, und gleichsam ansaugen kan. Da nun

5. ein jedes Insekt nach seinen Bedürfnissen und Absichten anders gebauete Werkzeuge hat; so kommt es mir beynahe gewiß vor, daß dieses Thierchen seine Lamellen bloß zum Anhalten bey der Begattung gebrauche. Jede derselben ist unten concav, und oben convex. Unten liegt die zarte Haut, wovon oben die weissen Flecke durchscheinen.

Scheint es also nicht klar zu seyn, daß die untere hohle Seite ansauge, und die obere durch die Luft nachgedrückt werde? Vielleicht sind eben darum die weissen Flecke der Haut von der Natur bloßgelassen, und mit keiner Hornhaut bedeckt, damit sich die Luft desto eher darin fangen, und sie vester andrücken kan. Folglich wird mirs immer wahrscheinlicher, daß diese Lamellen des Wespenmännchens nichts anders als Hülfswerkzeuge der Begattung sind. Wenigstens glaube ich deutlich erwiesen zu haben, daß man diese Wespe nicht mehr Siebbiene, sondern die Ichneumonszwespe, deren Männchen an den Vorderfüssen zwey Lamellen zum

Anhal=

Anhalten bey der Begattung hat, nennen müsse. Hierzu kommt, daß alle von dem Herrn von Geer angegebenen Kennzeichen bey meinem Weibchen fig. II. zutreffen. Es hat am Leibe nur sechs Ringe, das Männchen aber fig. I. ihrer sieben. Der Kopf ist glatt, der männliche rauch und voller Haare. Die Schenkel des Männchens sind glänzend schwarz, des Weibchens schwarzbraun. Ueberdem hat mir der oben gedachte Freund: ein grosser Insektenkenner, versichert, daß es ein Weibchen dieser Art von Wespen sey, wie er mir noch mehrere dergleichen in seinem Kabinet gezeiget, die er zusammen in einer Wohnung alter Leinwände gefangen hat.

Ich setze nichts mehr hinzu, als daß ich bey der genauen Beobachtung des langen Hakens an dem Vorderfusse, unter einer starken Vergrösserung, indem ich die Lamelle mit der hohlen Seite nach dem Auge zugekehrt hatte, das dritte besondere Spitzchen fig. IV. f, g, h, entdeckt habe, welches der Herr von Geer nicht scheint bemerkt zu haben.

Dieses Exempel beweiset, wie leicht es sey, in der Naturgeschichte falsche Hypothesen anzunehmen, wenn man entweder die Objekte mit schlechten Werkzeugen untersucht, oder wenn man sich verleiten läßt, aus unerwiesenen Faktis Schlüsse zu machen. Denn das erste hat mir die Erfahrung schon sehr oft gezeigt. Ich habe durch das Handglas manches Insekt beobachtet: ich habe durch dasselbe den Minirwurm zwischen den Blatthäuten fressen sehen, und hätte darauf geschworen, daß er sechs Augen habe; nahm ich aber die stärkern Vergrösserungen zu Hülfe, so sahe ich, daß ich entwe-

der

der gar nichts, oder daß ich vieles übersehen, oder ganz
falsch gesehen hatte.   Ich erkannte, daß die vermeynten Augen des Minirwurms seine sechs Vorderfüsse waren.   Was würde nun herausgekommen seyn,
wenn ich wie Rolander von seinem Siebe, von diesem
Minirwurme behauptet hätte: er habe wider die Natur der mehresten Insekten sechs neben einander liegende
Augen?   Man hätte mir solches vielleicht anfänglich
auf mein Wort geglaubt.   Man hätte daraus neue
Schlüsse gezogen, die alle ein falsches Faktum zum
Grunde gehabt.   Wie viel Ungewißheit, und Verwir-
rung müste nicht daraus in der Naturhistorie entstehen?
Man behaupte also nie eher ein Faktum, als gewiß, bis
es zuvor durch die augenscheinlichsten Erfahrungen der
Sinne als gewiß erkannt, mehr als einmal so gesehen,
unter verschiedenen Umständen immer so und sich gleich
gesehen worden; alsdenn ist man im Stande, aus einem solchen Fakto richtige Folgerungen herzuleiten, welche stets die Probe halten, und als Grundsätze in der
Naturgeschichte anzusehen sind.

Ich bin gewiß überzeugt, wenn man erst noch
mehrere Geheimnisse der Natur wird entdeckt haben; so
wird man dies mit der Zeit zum Grundsatze machen
können, daß bey verschiedenen Insektenarten die Männchen mit besondern Werkzeugen, sich bey der
Begattung damit zu helfen, versehen sind.   Ich
kenne jetzt nur erst drey Arten solcher Insekten.   Dahin gehöret der oben angeführte Wasserkäfer, unsere
Ichneumonswespe, und das unter dem Namen
Skorpionfliege bekannte Insekt, von dem ich zum
Beschluß noch etwas anführen will.

Es

Es ist solches schon dem Aldrovandus bekannt
gewesen; allein die Beschreibung desselben ist zu kurz,
als daß man daraus dieses Insekt sollte vollständig kennen lernen *).

In der That hat dieses Insekt sehr seltne Eigenschaften. Es ist in den ersten Frühlingsmonaten sehr
häufig in den Büschen und Hecken. Scheu ist es nicht
sonderlich. Man kan es mit der Hand haschen. Im
Ganzen ist Männchen und Weibchen einander in allen
Stücken gleich. Am Kopfe haben sie beyde einen langen Rüssel, der ein gelbes Tröpfchen von sich giebt,
wenn man sie gefangen hat. Das sonderbarste dieses
Insekts bestehet darin, daß es das einzige seiner Art
ist, und keine Untergattungen hat. Ferner daß noch
kein Physikus sich rühmen kan, die Larve desselben gesehen zu haben, welches wohl daher zu rühren scheint,
weil sie in der Erde steckt, und darin bleibt, wenn die
Fliege aus ihrer Hülle herausgekrochen. Ich dächte,
folgender Versuch könte uns Anleitung geben, hinter
das Geheimniß zu kommen. Man müste im Früh-
jahre einige Paare derselben einfangen, und sehen, daß
man Eyer von dem Weibchen bekäme. Man könte

D 5   auch

*) De Insectis pag. 386. fig. 8. 9. pag. 387. pag. 5. 6.
Die neueren, die es beschrieben haben, sind Linné S.N.
ed. XII. pag. 915. No. I. Panorpa. Reaumur Me-
moir. pour servir a l'histoire des Insectes Tom. IV.
pag 131. 151. Pl. 8. fig. 9. 10. Frisch von Insekten IX. Theil. pag. 29. Tab. 14. Sulzer Kennzeichen der Insekten p. 136. Tab. XVII. fig. 106.
Unter allen hat sie der Herr von Geer am vollständigsten
und genauesten beschrieben. Mem. pour servir à l'hist.
des Insectes. Tom. II. Part. II. 4. p. 733. Vielleicht liefere ich davon mit der Zeit einmal einen besondern Auszug.

auch) in die Gläser, worin man sie aufbehielte, etwas
Erde thun, wenn etwan das Weibchen seine Eyer
hineinlegen sollte. Und wenn denn künftig daraus die
Fliege käme; so müste man in der Erde nachsuchen,
um die Larve zu finden. Die Natur will gesucht
seyn, und durch unermüdetes Suchen ist schon manches, Jahrhunderte verdeckt gebliebenes, Geheimniß
ans licht gekommen.

Das Männchen dieses Insekts hat einen besonders gebildeten Schwanz, der ihm allein eigen ist,
und dem Weibchen mangelt, von dem es auch seiner
Aehnlichkeit halben mit einem Skorpion, den Namen:
Skorpionfliege bekommen hat. Er bestehet aus einer hornigten Substanz, aus einigen runden beweglichen Gelenken, davon das unterste zwey Zangen hat,
die es auf und zu machen kan. Diesen Schwanz
trägt es immer nach dem Rücken zu in die Höhe ge-
kehrt, und zwischen den Zangen sitzt das männliche
Glied, welches hervortritt, wenn man es etwas drückt.

Wer siehet nun nicht, daß das Männchen dieses
Werkzeug offenbar dazu habe, damit das Weibchen
hinten zu fassen, und vest zu halten, wenn es sich mit
demselben begatten will.

Auf der andern Seite haben auch oft wieder die
Weibchen verschiedener Insekten besondere Werkzeuge,
die den Männchen fehlen, und die ihnen wieder dazu
dienen, ihre Eyer auf die vortheilhafteste Weise an
solche Orte zu legen, wo sie Decke, Schutz und Sicherheit haben. Wie sonderbar ist es, daß die gemeinen
Stubenfliegen, die uns im Herbste so beschwerlich
sind, sich auf eine ganz andere Art, wie die übrigen

Thiere

Thiere begatten? Das Weibchen läßt hier das Ge=
burtsglied in das Männchen ein, und das Männ=
chen nimmt es auf; daher man auch das männliche
Glied desselben nicht zu sehen bekommt, auch nicht her=
ausdrücken kan. Eine Entdeckung, die wir erst in
diesem Jahrhundert einem Bonnet zu danken haben,
und die uns lehrt, daß oft die gemeinsten Insekten, die
wir übersehen, noch die grösten Wunder an sich haben,
die seit einigen tausend Jahren kein Auge erblicket hat.

Ist die Spinnfliege, oder die fliegende Pfer=
delaus nicht eben so sehr zu bewundern, da sich das
Ey in ihr selbst, und also in Mutterleibe schon verwan=
delt? Wozu hat die Erdmücke, die Tipula ihre lan=
gen Füsse? daß sie sich darauf stützt, wenn sie ihre
Eyer fallen läßt. Die verschiedenen Arten von Sä=
genfliegen, deren Larven gewisse vierzehnfüßige Ba=
starttraupen sind, was zeigen sie uns für Wunder in
dem Instrument, welches das Weibchen an seinem Le=
gestachel hat, um damit erst in den Zweig eine Spal=
te zu sägen, und hernach für jedes Eychen eine be=
sondere Zelle zu bereiten *).

Ich setze die Anmerkung des Abts Spallanzani
selbst her, weil sie so viel besonderes von dieser Sä=
genfliege in sich faßt.

„Im

____

*) S. *Reaumur* Mem. pour servir à l'hist. des Inf.
Tom. V. Mem. III. de *Geer* Mem. sur les insectes
Tom. II. Part. II. Mem. XVI. p. 912 sqq. Bon=
nets Betrachtung über die Natur übers. vom Titius.
zw. Aufl. Leipz. 1772. mit Spallanzani Anmerkun=
gen p. 537. (*)

„Im V. Hauptst. des XI Theils ist zu Ende be=
„reits der Geschicklichkeit gedacht, womit die Fliege
„am Rosenstocke durch Hülfe einer wunderbaren
„Säge ihre Eyer in die zarten Rosenzweige leget. Hier
„wollen wir das Wunderbare zeigen, wie dies geschieht.
„Die obgedachte Fliege ist etwa so groß, wie die gemei=
„nen Fliegen, aber ihre mannigfaltigen schönen Farben
„geben ihr eine feine Gestalt. Die Flügel, der Kopf
„und die Beine haben ein glänzendes Violet, und der
„Bauch siehet wie der reinste Börnstein aus. Ihre
„übrigen eigenen Charaktere sind: ein hakenförmiger
„Stachel am Ende des Bauchs, ein angeborner Trieb
„sich vor der Verpuppung eine eigene Hülle zu machen,
„zwey Paar Flügel auf dem Rücken, und die besondere
„Speise an dem Honigsafte der Blumen. Wenn sie
„sich ihrer Eyer entledigen will, suchet sie allemal dieje=
„nigen Zweige dazu aus, die noch zart und im besten
„Wachsthume sind. Auf einen solchen Zweig setzt sie
„sich, streckt den Stachel aus dem Bauche, setzt ihn an,
„und indem sie die Wunde in den Rosenzweig macht, le=
„get sie ein Ey nach dem andern hinein. Sie hat ei=
„nen so starken Trieb, diese Arbeit bald zu Ende zu
„bringen, daß sie darüber ihrer eigenen Sicherheit ver=
„gißt. Denn man kan sie über der Arbeit mit der
„Hand wegnehmen, ohne daß sie fortfliegt. Ist sie
„mit ihrer Arbeit fertig, so sieht man auch die Wunde,
„oder den Schnitt mit einer glänzenden etwas zähen
„Feuchtigkeit benetzet; welche die getrennten Theile aus
„einander hält, daß sie sich nicht wieder zusammenfügen.
„Der Schnitt am Zweige gehet mehrentheils nach Mit=
„ternacht, damit ihn die Sonnenstralen nicht berüh=

„ren,

„ren, und zu sehr austrocknen. Wenn die Wunde noch
„frisch ist, sieht man die Eyer nicht. Macht man aber
„die Mündung der Wunde etliche Tage darnach auf, so
„wird man sie alle an der Oberfläche, jedes in seiner be=
„sondern Zelle, gewahr: diese Zellen machen zwo Rei=
„hen in die Länge aus, an welchen sich das Auge nicht
„satt sehen kan. Indessen hat der Stachel ganz allein
„jedem Eye sein Zellchen ausgehöhlet, es von dem
„anliegenden durch eine Scheidewand abgesondert, und
„durch eine andere Wand die sämmtlichen Zellen der
„Länge nach zierlich in zwo Reihen getheilet. Dieser
„Stachel ist von einer beinernen Substanz, und an der
„Spitze gekrümmt. Dem blossen Auge scheint er ganz
„unbewehrt und einfach. Betrachtet man ihn aber
„mit einem guten Glase, und untersucht ihn ein wenig
„mit einer feinen Nadel, so ist er zusammengesetzet, als
„irgend der Bienen, Wespen und Hummeln ihrer. Er
„besteht aus drey Theilen, aus zwo Sägen und einem
„Röhrgen, welches eben der Kanal ist, durch welchen
„die Eyer herabgelassen werden. — Die Sägen
„sind gleichfalls von einer sehr künstlichen Struktur und
„am Ende sichelförmig. Jeder Zahn derselben besteht
„wieder aus andern spitzigen Zähnchen, und der Raum
„zwischen zweyen ist auch mit scharfen Zähnen besäet.
„Auch die Seiten der Zähne sind stark mit Zähnen be=
„setzt; die aber nur mittelst einer beweglichen Mem=
„brane aufsitzen, und sich folglich verschieben lassen.
„Mit diesem Werkzeuge kan die Fliege nicht nur einen
„Spalt in den Zweig machen, sondern auch die Holzfa=
„sern zerreissen, die ihr an der Arbeit hinderlich sind.
„Die Fliege bedienet sich beyder Sägen nicht auf einer=

„ley

„ley Art. Indem sie mit der einen aufwärts fährt, so
„fährt sie mit der andern unterwärts und ungekehrt.
„So viel erhabene Weisheit leuchtet aus einem beynahe
„unsichtbaren Werkzeuge einer Fliege hervor, die man
„gemeiniglich für ein verächtliches Insekt hält. „ ...
„Mit dieser Fliege, heißt es in einer andern Anmerkung
„des Spallanzani, die sich in den Rosenstock arbeitet,
„kan man in Absicht auf den Zellenbau und die Ver=
„wahrung der Eyer, ein anderes seltenes Insekt verglei=
„chen, welches einige Naturgeschichtschreiber Spinn=
„heuschrecke (ragnolocusta) nennen. Es hat aber
„vor jener Fliege des Rosenstocks noch viel sonderbarere
„Eigenschaften. Eine Heuschrecke, die sich nach Art
„der Spinnen vom Raube nähret, die fast so geschwind
„wie ein Chamäleon ihre Beute überfällt, auf sie loß=
„schlägt, sie mit den Haken ihrer Vorderfüsse anpacket,
„sich in die Höhe richtet, und sie wie ein Affe oder Eich=
„hörnchen in aufrechter Stellung recht poßirlich hinun=
„ter schlucket; die ferner wie ein Vogel oder vierfüßiges
„Thier säuft, und ihr Leben über zehn Jahre bringt, ist
„in ihrer Art ein kleines Wunderthier. Sie liebet ber=
„gigte und trockene Gegenden. Ihre Farbe ist asch=
„grau. Das Männchen ohne Flügel, das Weibchen
„mit Flügeln und grösser vom Leibe als jenes. Ihr
„Gang, wie der Enten ihrer. Das Nest, wie ein Knäul=
„chen. Macht man es auf, so zeigen sich die Eyer jedes
„in seiner besondern Zelle. Diese Zellen oder Fächer
„haben ein meisterhaftes Ebenmaas, ob sie das Insekt
„gleich nur mit dem hintern Theile seines Körpers aus=
„gearbeitet. „

Wir

Wir bewundern den Rüssel eines Elephanten, den Bau eines Wallfisches, die Waffen eines Krokodils; ich weiß aber nicht, ob wir nicht eben so hohe Ursach haben, die Lamellen unsrer Wespe, die Kniescheiben eines Wasserkäfers, den Schwanz der Skorpionfliege, die Sägen der Rosenstocksfliege zu bewundern. Oft sind die gemeinsten Sachen an Wundern der Weisheit die reichsten. Es ist Weisheit und Pflicht die Natur immer mehr zu studieren. Ihr allein hatte Salomo seine Weisheit zu danken. Doch bleibt das unstreitig nur die wahre Weisheit, wenn wir uns bemühen, die Natur in der Absicht kennen zu lernen, damit wir dadurch in der Erkenntniß, in dem Vertrauen und in der Willigkeit unsrer Pflichten gegen den Schöpfer wachsen, zunehmen, und gestärkt werden, der alles mit solcher Weisheit geordnet hat.

Uebrigens wünsche ich durch diese Abhandlung nur den geringsten Theil des Bonnetschen Urtheils zu verdienen: Ich schätze einen Aufsatz über ein einiges Insekt höher, als ein ganzes Wortregister von den Insekten.

Erklärung der Kupfertafel.

Fig. I. ist das Männchen der Siebbiene in natürlicher Grösse.

a, b, die beyden lamellen in der Mitte an den Vorderfüssen desselben, die das vermeynte Sieb seyn sollen.

c, c, die .

c, c, die beyden Fühlhörner am Kopfe des Männchens, der von Haaren rauch ist, mit dreyzehn
Gelenken.

1, 2, 3, 4, 5, 6, 7, die sieben Ringe am Leibe des
Männchens, welches deren einen mehr hat, als
das Weibchen.

Fig. II. das Weibchen der Siebbiene in natürlicher
Größe.

a, b, die Vorderfüße ohne Lamellen.

c, die beyden Fühlhörner am Kopfe, der ganz glatt
ist, mit zwölf Gelenken.

1, 2, 3, 4, 5, 6, die sechs Ringe am Leibe des
Weibchens, welches deren einen weniger hat, als
das Männchen.

Fig. III. die convexe Seite der vergrößerten Lamelle.

a, das Fußstück, woran sie sitzt.

b, Häärchen auf derselben.

c, das Fußgelenke.

d, die große lange Klaue.

e, die andern beyden mit dem Ballen.

f, die weißen durchscheinenden Punkte, oder die vermeynten Sieblöcher.

g, g, das weiße Fadengewebe.

Fig. IV. die concave Seite der umgekehrten vergrößerten Lamelle.

a, das Fußstück, woran sie sitzt.

b, die Haarspitzen des Gelenkes.

c, d, e, die zusammengewundenen und auf einander
gedrückten Gelenke.

f, g, h, die drey besondern Spitzen an der gro-
ßen Klaue.

i, die

i, die andern beyden Klauen mit dem Ballen.

k, die weiſſe unten liegende Haut.

l, l, die weiſſen Flecke auf dem Stücke des Fuſſes, wo die Haut noch drüber gehet.

m, eine groſſe und lange Haarſpitze, die man auf der gewölbten Seite nicht bemerkt.

Fig. V. ein ſehr ſtark vergröſſertes Stückchen von der convexen Seite der Lamelle.

a, b, c, d, e, f, ſehr groſſe, theils runde, theils ovale Flecke der weiſſen durchſcheinenden Haut, mit ihren feinſten Ramifikationen, zum Beweiſe, daß es keine Löcher ſind.

Fig. VI. ein ſtark vergröſſertes Stückchen der Lamelle, worin zwey Fleckchen mit einem Pferdehaar durchgeſtochen.

a, a, die Fleckchen durchſtoſſene Haut.

b, b, die an den Seiten zuſammengerollten und herumhangenden Läppchen.

Joh. Aug. Ephr. Goeze,

Paſtor bey der St. Blaſii Kirche in Quedlinburg, und Ehren=Mitglied der Geſellſchaft der Naturforſcher in Berlin.

Tab. II.

Fig. III. a

Fig. I.

Fig. II.

Fig. IV.

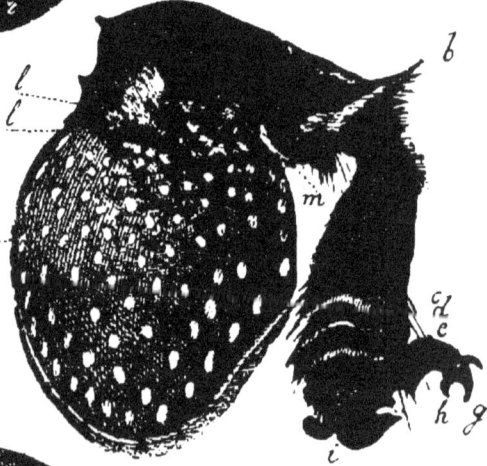

Fig. V.

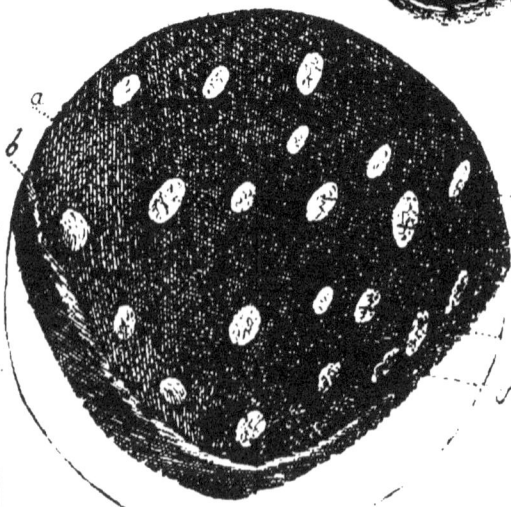

Fig. VI.

G. A. Gründler sc Hala

.

www.ingramcontent.com/pod-product-compliance
Lightning Source LLC
Chambersburg PA
CBHW022027190326
41519CB00010B/1623